水資源・環境学会『環境問題の現場を歩く』シリーズ ❶

志津川湾と野川を歩く

仲上健一・山本佳世子［著］

成文堂

はしがき――シリーズ開始によせて――

水資源・環境学会設立40周年を記念して、学会員の持つ力をより発揮するために企画されたのが、水資源・環境学会ブックレット『環境問題の現場を歩く』シリーズである。これまで水資源・環境学会は機関誌「水資源・環境研究」（年２号）と学会叢書「水資源・環境学会叢書」（成文堂）を刊行してきた。学会そのものは決して大きくはない、いや明らかに小さな規模であるが、年３回の研究会（研究大会、夏季現地研究会、冬季研究会）を開催し、大変密な研究活動を行ってきたと自負している。さらに今回、本企画『環境問題の現場を歩く』シリーズを開始することができたことは大きな喜びである。刊行を引き受けてくれた成文堂に心から感謝したい。

上述したように、水資源・環境学会の諸活動における１つの大きな特徴として夏季現地研究会がある。「環境問題の現場に行き、観察し、議論し、理解する」をコンセプトに、これまで毎年８月を中心に、全国各地の環境問題の現場に出かけてきた。６月の研究大会でも全国各地に出かけ、やはり現地見学会を開いている。岩手の松尾鉱山跡、北上川、栃木の足尾鉱山跡、渡良瀬遊水地、東京湾岸地域、富山・神通川流域、石川の手取川流域、伊豆・柿田川、浄蓮の滝、岐阜の神岡鉱山跡、郡上八幡、長良川河口堰、琵琶湖、亀岡・保津川のプラスチックゴミ問題、高梁川の水問題、愛媛・西条の打ち抜き、松山・道後温泉、鳥取県江府町の市民農園、中津、水俣、五木村と川辺川ダム、沖縄の宮古島などへ行き、現地で観察し、深夜まで議論を繰り広げた。冬季研究会で東大寺のお水取りに行ったこともある。海外では、韓国のソウル・清渓川、始華干拓地の潮汐発電、春川、昭陽江ダム、台湾の台北、台南、烏山頭ダム、高雄、ロシアのバイカル湖に出かけ、現地の方々と交流を重ね、やはり、深夜まで議論を繰り広げた。

今回の『環境問題の現場を歩く』シリーズは、この夏季現地研究会の経験がベースにある。科学的な研究成果は水資源・環境学会誌「水資源・環境研究」に掲載すればいい。研究が蓄積されたら水資源・環境叢書として出版すればいい。しかし、学会の大きな特徴である「環境問題の現場に行き、観察し、議論し、理解する」を体現する場がこれまで個々の学会員の内なる理解にとどめられ、それを表現する媒体を学会として持てていなかった。そして、そのことは本学会の特徴である、研究者だけでなく水資源・環境問題を中心に広く環境問題に関心を有し、活動する行政スタッフ、企業関係者、一般市民らを含めた集まりとしての学会にとって、大きな限界として認識されていた。

本企画はこうした限界を打ち破る大きなきっかけになることが期待されている。環境問題の現場を理解する力は、研究者以上に行政スタッフ、企業関係者、一般市民らが持っている可能性が高い。そうした人たちが、もちろん現場に通いつめる研究者を含めて、良質な環境問題のガイドブックを作成し、より多くの人たちに提供することが本企画の目的である。第1期配本はもっぱら現場に通いつめる研究者によって執筆されているが、第2期以降の配本では、行政スタッフ、企業関係者、一般市民らも執筆者として名を連ねることが強く期待されている。

今回は、『環境問題の現場を歩く』シリーズ第1期第1回配本として、水資源・環境学会会長の仲上健一氏と学会員の山本佳世子氏による『志津川湾と野川を歩く』を刊行することができた。宮城県南三陸町に面する志津川湾はわが国有数の漁業資源を有する生態系豊かな海である。それが2011年3月11日に発生した東日本大震災によって、町、産業、海ともに大打撃を受け、12年たった今も復興は続いている。しかしながら、そうした中から地域をつくる、地域を支える元気な力が現れているのを見逃してはならない。仲上健一氏は早くから震災復興に研究者として関わり、その中から見えてきた豊かな海への取り組みを里海の考えから紹介してくれる。「この本を持って現地に出かける」を目的としたシリーズの第1回配本にふさわしい、地域に寄り添った環境問題の語り部となっている。加えて、水資源・環境学会会員の主たる関心が、これまで河川や湖といった河川流域レベルに留まっていたのに対して、海洋まで広げて考えていくことの必要性を提示している点にも注目したい。

山本佳世子氏はこれまでも地理学者として、身近な地域に根ざした環境問題への取り組みに光を当ててきた。そして今回、光を当てたのが多摩川水系・野川である。野川はわが国を代表する都市河川であり、河川整備が著しく進み、地域住民のかけがえのない憩いの場になっている。しかし、河川はあくまでも自然であり、日常の穏やかな姿と洪水時などの人の命をも奪いかねない凶暴さを兼ね備えた存在である。両者を理解してはじめて自然環境の適切な理解ができるのであり、今回の山本氏の執筆は、それを理解する格好のケーススタディになっている。

このように、水資源・環境学会ブックレット『環境問題の現場を歩く』シリーズはできる限り読みやすく、しかしながら、説明の科学性を保ちつつ、そして少しでも多くの方に環境問題の本質を届けたいという思いから書かれている。コンセプトは上述したように、「この本を持って現地に出かける」、いや「この本を持つと現地に出かけたくなる」である。それでも読後感想に「難しい」、「固い」が含まれてしまうことは否定できない。だとすれば、そうした読者の感想に謙虚に向き合い、これから刊行が予定されるブックレットにおいて、当初の目的に少しでも近づけることができるよう、本シリーズを改善していきたい。いや、それ以上に「私ならこう書く」という思いで学会に参加し、執筆者に名を連ねてもらうのがベストの解である。読者の忌憚のない意見をお待ちする。

2023年５月

水資源・環境学会『環境問題の現場を歩く』シリーズ刊行委員会

目　次

I

里海を歩く——志津川湾を訪ねて——

仲上健一

1．里海の魅力

島国日本は海に囲まれている。昭和の初めの小学校唱歌「海は広いな大きいな」が歌い出しの『海』（作詞：林柳波、作曲：井上武士）は、1941年に国民学校初等科第一学年用に掲載され、今日に至るまで歌い継がれてきた。同じ題名で、1913年に発行された『尋常小学唱歌 第五学年用』には「松原遠く消ゆるところ、白帆の影は浮かぶ。……」が発表され、今年で110年になる。小学校第１学年音楽科学習指導案によれば、「広々とした海の情景や海の向こうへの憧れや関心を呼び起こしながら気持ちをこめて歌うことができる。」ことを教育の目標としている。このような歌を通じて、私たちの心には「海」への郷愁が形成されてきた。さらに、さかのぼれば古くは、万葉集にも数多くの海に関する歌があり、様々な場面で読まれてきた。穏やかな海、時には激しい荒海も、長い年月を通じて、私たちの心に染みついている。

「里海」という言葉は「里山」とともに、今では、もうすっかり定着してきた。

「里海」の学術的定義を柳哲雄九州大学名誉教授が1998年、水環境学会誌に「人手が加わることにより、生産性と生物多様性が高くなった沿岸海域」としてから、25年が経過した。

2018年５月に策定された海洋基本計画（第３期）では、海洋の主要施策の基本的な方針として、「高い生産性と生物多様性が維持されている「里海」

の経験を活かしつつ、沿岸域の総合的管理を推進」という「里海」を重視した画期的な沿岸管理政策が打ちだされた。

海洋基本法（2007年４月20日成立）を契機として、海に対する関心も高まり、政府の政策だけでなく、地方自治体においても「里海」を冠した行政組織が創設されるなど、徐々に「里海」が市民生活にも定着しつつある。例えば、三重県志摩市農林水産部里海推進室、石川県七尾市産業部里山里海振興課では、「里海」を地域政策の核として位置づけられている。この二つの部署において市の地域政策に「里海」がどのように位置付けられているかということをヒアリングするために訪問したさい、政策担当者の「里海」に対する意気込みを感じることができた。

環境省が2007年６月に策定した21世紀環境立国戦略として、「里海」の創生支援という考え方が盛り込まれ、2008年度には、「里海創生支援海域」として七尾湾（石川県)、赤穂海岸（兵庫県)、大村湾（長崎県)、中津干潟（大分県）が選定された。

環境省の里海ネット（https://www.env.go.jp/water/heisa/satoumi/01.html）では、「里海」を作り出そうという志の高い環境保全活動の理念は、多くの地方公共団体、漁業関係者、地域住民、教育機関、研究機関等に支持されていることを紹介している。環境省が行った2018年の全国の里海の活動状況に関するアンケートでは、里海の活動を推進している組織は690団体にのぼり、今や、日本発祥の「里海」はインドネシアをはじめ世界にも確実に広がっている状況である。

里海の構成要素は「多様性」と「持続性」からなる。里海の保全と再生を支える「多様性」の要素として、「物質循環」、「生態系」及び「ふれ合い」、里海作りの実践を支える「持続性」の要素として、「活動の場」と「活動の主体」があり、これらの５つの構成要素が、それぞれ円滑に働くことによって「里海」は育てられる。環境省および（社）瀬戸内海環境保全協会作成のパンフレット「さとうみ　人がつくる、自然がつくる、豊かで健やかな共生の環」によれば、里海の構成は図１に示すとおりである。

「里海」の魅力は、現地に行ってみなければ分からない。行けば、その地の歴史・文化・漁業の実態に触れ、その価値を知ることができる。「里海」

図１　里海の構成要素

出典）環境省、（社）瀬戸内海環境保全協会、「さとうみ　人がつくる、自然がつくる、豊かで健やかな共生の環」、2009年３月、https://www.env.go.jp/water/heisa/satoumi/common/satoumi_panf.pdf

の優れた価値とともに一方では、「里海」を取り巻く厳しい現実を知ることもできる。例えば、日本の漁業就業者数は、21世紀になっても一貫して減少の一途をたどり、2003年の23.8万人から2017年には、15.3万人という厳しい状況である。このように漁業就業者数が減少する中、漁業者１人当たりの漁業生産量は増加傾向という嬉しい話題もある。いまや、「里海」の保全や創造を漁業就業者だけにまかせるのではなく、全ての国民で守り育てていくことが大事な時代であろう。

これまで、私は数多くの里海を訪れてきたが、本書ではそのなかでも印象の深い東日本大震災から復活した志津川湾（宮城県本吉郡南三陸町）について紹介したいと思う。

2．南三陸町の魅力と復興へのまなざし

志津川湾は、宮城県北東岸に位置し、太平洋に向けて開いた湾である（図２）。志津川湾は日本有数のリアス式海岸であり、湾最奥部には、南三陸町の中心部である志津川漁港がある。リアス式海岸とは、狭い湾が複雑に入り込んだ沈水海岸のことでスペイン語のリアス（入り江）に由来している。志津川湾を歩く前に、南三陸町の概況を整理しよう。

(1) 南三陸町の概況

南三陸町は、東北地方の最大の都市である仙台市までの直線距離は69km

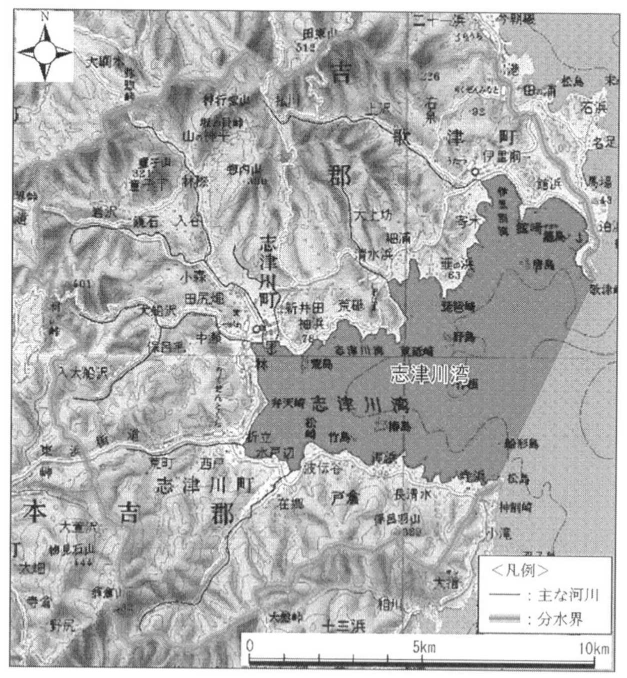

図２　志津川湾

出典）環境省　閉鎖性海域ネットより

と近い場所にある。1895年10月31日に、本吉村が町制施行して志津川町となり、2005年10月１日に志津川町と歌津町の２町が合併し南三陸町となった。南三陸町の人口は国勢調査によれば、1960年24,852人、2000年には19,860人と２万人の大台を割り込んだ。直近の南三陸町の人口は11,994人（2022年11月／住民基本台帳）であり、東日本大震災の影響が顕著に表れている。南三陸町人口ビジョン（南三陸町、2016年１月）によれば2040年には8,109人と推計され、人口減少という厳しい現実が南三陸町にも突き付けられている。

南三陸町の南三陸町民憲章には、「海」、「山」、「空」、「自然」への敬愛があふれている（写真１）。ここで、南三陸町の歴史を理解するために、南三陸町町勢要覧2007よりその成り立ちを紹介しよう（図３）。

1970年９月、南三陸町の歌津地区館崎の海岸で、「ウタツ魚竜（学名ウタツザウルス）」という２億４千２百万年前の世界最古の魚竜化石が東北大学研究グループ（村田正文氏ら）に発見され、世界にその名を轟かせた。1975年には国の天然記念物に指定されている。「歌津」という地名が入っているということは、素晴らしいことであり、古代地質学に関心をお持ちの方は是

写真１　南三陸町町民憲章
出典）筆者撮影

図３　『南三陸町町勢要覧2007』

非現地に立ち寄って頂きたい。また、ウタツ魚竜の詳しい情報は、東北大学総合学術博物館ニュースレターOmnividens No. 41（2012年３月）で知ることができる。

ずっと、飛んで（飛びすぎますが）、南三陸町では約１万年前より、狩猟・網漁などが行われ集落が形成された。歌津地区の町向、峰畑、菅の浜から縄文時代の土器や石器など先人の遺物が出土しており、志津川地区折立にある太平館跡からは、７千年前の竪穴住居跡が発見されている。

さらに飛んで、平安時代には、奥州藤原氏の黄金文化を南三陸からでる金が支えたという歴史がある。南三陸町は平安時代末期の武将で、奥州藤原氏第３代当主藤原秀衡の四男高衡にゆかりのある地で、当時、南三陸町は本吉荘と呼ばれ、藤原摂関家の荘園であった。南三陸の金は「本吉金」として脚光を集め、その主産地は田束山周辺地域や小泉川の砂金であつた。2011年に世界遺産に登録された平泉中尊寺の金色堂は、この地の金で飾られたといわれている。藤原栄華を支えた、みやぎ黄金海道を訪ねるのも興味深い旅であろう。

入谷の童子山付近から掘られた「入谷産金」は、注目を集め、「入谷千軒」と呼ばれる集落ができ、ゴールドラッシュとなったが、元禄時代には産金時代は終焉を迎えた。

新たな産業として、入谷地区の後継産業として養蚕業が、若者（山内甚之丞）の努力で広まった。世界的な評価を得るシルク「金華山」が生み出されたのである。世の中には、金鉱山がなくなると地区が廃れるというのが一般的であるが、村は活気づき、養蚕・生糸生産の中心地となったのである。南三陸町のイノベーションの精神をここに見出すことができる。

明治にはいると、日本発の機械座繰り製糸工場「旭製糸会社」が創設され、その品質の高さはパリ万博（1900年）でグランプリを受賞した。

このような、輝かしい産業とともに農林水産業の発展がみられる中、明治三陸津波（1896年)、昭和三陸津波（1933年）に襲われ、1960年５月24日、チリ地震津波（最大波高5.5m）では、死者41名、被害総額52億円の大災害にあった。

南三陸町は、東北地方では、極めて重要な意味を持つ町であるとともに、防災の視点で教訓にすべき町でもある。

⑵　東日本大震災と南三陸町

明治三陸津波、昭和三陸津波、チリ地震津波の教訓を踏まえて、防災に強いまちづくりが町民一丸になって進められ、2006年12月には「南三陸町地域防災計画」が策定された。万全な防災計画と防災意識の高い南三陸町であったが、2011年３月11日の東北地方太平洋沖地震により壊滅的な被害を受けた。

東日本大震災の被災について、南三陸町第２回震災復興計画策定会議（2011年７月10日）の（資料１追加資料）震災復興計画（震災総括）追加更新分第２章震災の総括３．地震・津波災害の状況と教訓によれば、次のように総括されている。

「志津川地区では、たびたび起こった津波に対して、埋め立てや防潮堤の建設によって低地を開発し、発展してきた。特に、チリ地震津波以降は、50年に１度の明治三陸大津波、昭和三陸大津波、チリ地震津波程度の津波を想定した津波防災対策によって、津波からは守られているという意識があり、病院や公共施設といった被災時の最重要施設も低地に整備されてしまった。しかし、今回の津波は1000年に一度という想定を遙かに上回る津波であり、これによって市街地が壊滅的な状況に陥ったことを教訓とする必要がある。

一方、学校は市街地に隣接する高台にという思想は貫かれ、今回の震災でも避難所として機能を果たすことができた。今回の震災復興計画では、これまでの災害と復興の歴史を踏まえ、頻度の高い津波から人命と財産を守りつつ、それを上回る津波に対しても人命を守り、早期の復旧・復興が可能となるようなまちづくりを再構築していく必要がある。」

東日本大震災は貞観津波（869（貞観11）年５月26日）以来の1142年ぶりの巨大津波であり、さすがに対応ができなかったのである。

南三陸町の被害の概要は、南三陸町役場のまとめによると次の通りである。人的被害（死者620人、行方不明者211人)、建物（住家）被害（全壊3,143戸(2011年２月末日現在の住民基本台帳世帯数の58.62%)、半壊・大規模半壊178戸)という壊滅的な被害である。公の施設など主要公共施設の被害（戸倉保育所、戸倉小学校、戸倉公民館、自然環境活用センター、波伝谷地区漁業集落排水処理施設、南三陸町役場、志津川保健センター、ボランティアセンター、デイサービスセンター、上下水道事業所、荒砥保育園、志津川公民館、図書館、海浜高度利用施設（海浜センター)、公立志津川病院、地方卸売市場、街なか交流館、袖浜地区漁業集落排水処理施設、本浜公園、松原公園、上の山緑地、せせらぎ公園、歌津総合支所、歌津保健センター、名足小学校、水産振興センター（魚竜館)）である。ライフラインである水道は地震発生後、町内全域で断水。一部地区の仮通水（飲用不可）から復旧を開始し、2011（平成23）年８月中旬にほぼ全域を飲用可能となった。５ヶ月にわたる不自由な生活が強いられ、「命の水」ということが改めて認識された。一方、電気に関しては、地震発生後、町内全域で停電し、４月中旬から復旧が開始され、同年５月末にほぼ全域で復旧した。

震災直後の様子は、FNN311が制作した「大きな被害を受けた南三陸町［震災３日目]」の YouTube から当時の情況がわかる。(https://www.youtube.com/watch?v=rbaDwlwML1U)

東日本大震災の災害の中でも、南三陸町の「防災対策庁舎の悲劇」は、全国的に有名であり、南三陸町の住民は、これまでの頻繁な津波の経験から、「地震の後には津波」との意識が高く、日頃から防災訓練が行われてきた地域であった。

河北新報（2011年３月16日）によると、「最後まで避難呼びかけ」、「職員二十数人いまだ不明」と見出しが出ている。住民を救った、津波の犠牲になられた宮城県南三陸町職員遠藤未希さん（24才）の尊い声を私たちは忘れてはならない（写真２)。

災害復興に向けて、2011年12月26日に、「南三陸町震災復興計画「絆～未来への懸け橋～」」が策定された。復興の理念は、「自然・ひと・なりわいが紡ぐ安らぎと賑わいのあるまち」への創造的復興という素晴らしい計画であ

写真2　防災対策庁舎
出典）筆者撮影

る。新しいまちづくりを進めるにあたり、復興を先導し、他の取り組みなどへの波及効果が期待される5つのシンボルプロジェクトを町民の生活支援や産業の再興など、町全体の復興の核となるものとして示された（図4）。南三陸町震災復興計画策定会議の精力的な行動により、全国に誇りうる震災復興計画ができたことに対し、関係各位に敬意を表したいと思う。

2016年3月には、「南三陸町第2次総合計画　2016～2025」が策定され、町の将来像として、「森里海　ひと　いのちめぐるまち　南三陸」が掲げられた。

森里海では、「分水嶺に囲まれた本町は、森林から湧き出た水が川を通り、志津川湾に続いています。その流れの中に人々が生きる里があり、南三陸の人々の営みは森・里・海のつながりそのものです。」と自然への敬愛があふれている。

ひとでは、「子どもからお年寄りまで様々な年代のひとがいて、それぞれが南三陸の地で地域の一員として活躍するとともに、生きがいをもって自分らしく豊かに生活しています。」と南三陸町で生きることの幸せを求めてい

図４　南三陸町のシンボルプロジェクトのイメージ
出典)「南三陸町の復興計画」p54図表３－２より

る。

いのちめぐるまちでは、「南三陸の大自然やそこに生きるひとのいのちは、森・里・海のつながりの中でめぐって、新しいいのちとなって再び南三陸の地に帰ってきます。」と東日本大震災の教訓を基本にいのちの尊さがうたわれている。

南三陸町の将来像を具現化する基本計画では、図５に示す５つのリーディングプロジェクトが設定されている。南三陸町の長い歴史を繋いできた、「ひと」を核とした温かい計画である。南三陸町を訪れる際には、これらのリーディングプロジェクトが実現されているかを見て頂きたい。

一方、南三陸町町長を会長とする南三陸町防災会議により、「南三陸町地域防災計画」が、2019年４月に策定された。防災計画の基本的立場は、「災害時の被害を最小化する「減災」の考え方を防災の基本方針とし、たとえ被災したとしても人命を失わないことを最重視し、また、経済的被害ができるだけ少なくなるよう、様々な対策を組み合わせて災害に備えていく。」というものである。

防災計画は、第１編 地震災害対策編（270頁）、第２編津波災害対策編

図５　南三陸町第２次総合計画のリーディングプロジェクト
出典）「南三陸町第２次総合計画概要版」p5より

(149頁)、第３編風水害等災害対策編（147頁)、第４編原子力災害対策編（82頁)、資料編（114頁）で構成され、全部で762頁という膨大なものである。

以上のように、「南三陸町震災復興計画「絆　～未来への懸け橋～」」、「南三陸町第２次総合計画　2016～2025」、「南三陸町地域防災計画」が震災直後から長い年月をかけ、多くの人の努力により完成した。これらの計画は、単なる行政計画ではなく、1000年に１度といわれる大震災を経験したものであり、未来に引き継がれるとともに、全国的にも模範となるべきものである。

2020年10月12日には、南三陸町震災復興祈念公園が、BRT 志津川駅から徒歩１分のところに全体開園された。東日本大震災によって犠牲になられた方々の名簿を納める「名簿安置の碑」並びに、町の復興を祈念して設えられた「復興祈念のテラス」が設置されている祈りの丘がある（図６)。

公園へ続く中橋は、世界的著名な建築家隈研吾氏が設計され、南三陸産の杉が使われている（写真３)。防災対策庁舎は、震災遺構として震災当時のまま公園内に保存されている。

南三陸観光ポータルサイト（https://www.m-kankou.jp/view_spot/234397.

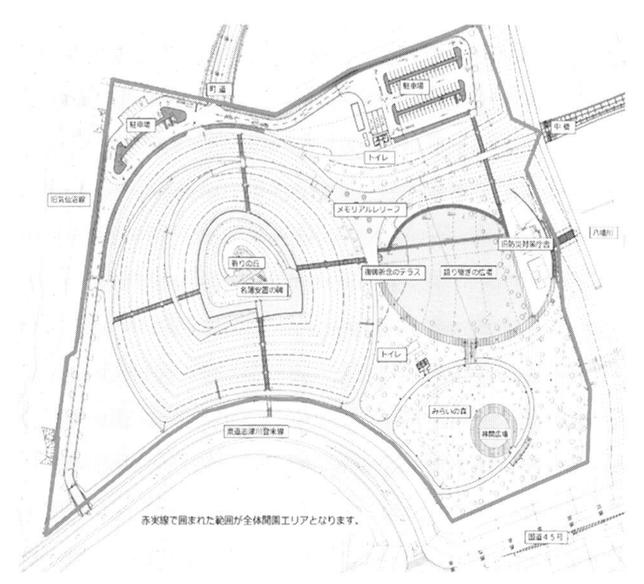

図 6　南三陸町震災復興祈念公園

出典）https://www.town.minamisanriku.miyagi.jp/index.cfm/6,29527,129,html

写真 3　南三陸町震災復興祈念公園

出典）https://www.m-kankou.jp/view_spot/234397.html/#jp-carousel-240431より

html/）で事前学習することができる。全体面積約は6.3haで、旧防災対策庁舎付近まで立入りが可能となった。

2022年10月１日には、南三陸町の震災伝承館「南三陸311メモリアル」がオープンした。南三陸311メモリアルホームページ（https://m311m.jp/）にある、南三陸町の佐藤仁町長の開館の挨拶には「「南三陸311メモリアル」は、地域住民の被災体験をもとに防災について共に考え、ふるさと再生にかけた私たちの思い、そしてご支援を頂きました多くの皆様への感謝の気持ちを、後世に伝え継ぐために整備した施設です。」と呼びかけられている。震災伝承館のラーニングプログラムも大きな特徴である。

⑶　南三陸町への行き方と「南三陸さんさん商店街」への誘い

南三陸町への行き方は、次の通りである。例えば、JR仙台駅でJR東北本線（小牛田行）を９時48分に出発し、小牛田駅で乗り換えて、小牛田駅10時40分発の石巻線（柳津行）で11時21分に柳津駅に到着する。そこで、JR気仙沼線BRT（気仙沼行）に乗り換えて、志津川駅には、12時24分に到着する。所要時間は２時間26分。総額1,570円。

気仙沼線BRTの「志津川駅」は、2022年10月にオープンした「道の駅さんさん南三陸」の敷地内にある。また、その隣には「南三陸さんさん商店街」が広がっている。「南三陸さんさん商店街」のホームページ（https://www.sansan-minamisanriku.com/）を見ていただくと雰囲気が感じられる。写真４、５、６は、商店街の様子である。

商店街の沿革は、震災直後の2011年４月29（金）・30日（土）に第一回福興市が開催され、2012年２月25日（土）仮設商店街がオープンした。2014年７月23日（水）には天皇皇后両陛下（現：上皇上皇后両陛下）が当商店街を訪問された。私も、志津川湾調査の際には、必ず商店街を訪れた。そして、2017年３月３日に本設商店街がオープンした。

オープン当時の賑やかな様子は、次のYouTubeでわかる。

南三陸さんさん商店街　かさ上げ地に新オープン（17/03/03）
https://www.youtube.com/watch?v=mcqRE4kX-NY

「さんさん商店街」が再出発　宮城・南三陸町（17/03/11）
https://www.youtube.com/watch?v=JkF_O99uGag&t=1s

志津川湾を訪ねる前に、「南三陸さんさん商店街」で、おいしい南三陸の料理を堪能して欲しい。また、南三陸町・志津川湾の全体像を事前に学習するには、「南三陸町バーチャルミュージアム」が必見である。南三陸町の「自然の輝」、「生活の歓」、「歴史の標」、「未来への遺産」がコンパクトにまとめられている。（https://www.town.minamisanriku.miyagi.jp/museum/）

南三陸町観光協会が管理運営する「南三陸ポータルセンター」は2022年10月1日に道の駅「さんさん南三陸」内にオープンした。（https://www.m-kankou.jp/view_spot/208136.html/）

写真4　南三陸さんさん商店街看板
出典）筆者撮影

写真５　南三陸さんさん商店街①

出典）筆者撮影

写真６　南三陸さんさん商店街②

出典）筆者撮影

3．志津川湾の恵み

(1) 志津川湾の概況

志津川湾は、多くの山々に囲まれ、豊かな森から川を通じて栄養分が注がれている。志津川湾の沖合には、北から流れる親潮と、津軽海峡を通って南下する津軽暖流、そして南からの黒潮が混じり合う日本でも珍しいところである。夏季は黒潮由来の流れが北上し、冬季は逆に親潮由来の流れの影響が強くなるなど、その様子は季節によっても変動し、志津川湾に豊かな自然をもたらしている[1)]。

私は、志津川湾における生態系サービスの調査を2014年から始めたが、調査にあたり志津川湾全体が見渡せる山に登った。そこで志津川湾を囲む山野の豊かさを実感することができた。短い時間で、たくさんの山に行くことは、難しいと思う、南三陸町　VIRTUAL MUSEUM のホームページの自然の輝、「恵の山々」に詳しく出ているので参照して頂きたい。山から見た志津川湾の風景や、山の顔が見えてくる。（https://www.town.minamisanriku.miyagi.jp/museum/natural/article.php?p=1）

気仙沼市と南三陸町にまたがり、多くのヤマツツジが自生する田束山（たつがねさん）は、標高512.4m、旧歌津町と本吉町との境をなす山嶺で、南三陸町の最高峰である。ツツジ群落で有名な山頂からは志津川湾や歌津崎が一望でき、遠く金華山や岩手県方面の海岸まで見渡せる、町内きっての景勝地である。

山の自然と恵みが河川をつうじて、全てが志津川湾に注ぎ、植物性プランクトンやミネラルが豊富な湾を形成している。気仙沼市の NPO 法人「森は海の恋人」の理事長・畠山重篤さんが、海を守るために植樹活動を1989年に開始され、この魅力的な言葉は全国的に有名になったが、気仙沼の隣にある志津川湾も実感できるところである。

畠山重篤著・スギヤマカナヨイラスト『人の心に木を植える「森は海の恋人」30年』、講談社、2018年、を読まれて、森と海の絆を感じたらどうだろうか。ちなみに、気仙沼出身の「近代短歌の父」といわれる落合直文（1861-

1903）の「**砂の上にわが恋人の名をかけば波のよせきてかげもとどめず**」が有名だが、「**恋人**」という言葉が歌に用いられたのも、これが初めてであったらしい。

以上が、志津川湾のまわりの山の状況であるが、次に志津川湾について紹介しよう。

志津川湾の概要および環境（環境基準・水質）を公益財団法人国際エメックスセンターの「日本の閉鎖性海域88ヶ所」のNo. 25より紹介しよう。（https://www.emecs.or.jp/wp-content/uploads/2019/10/025.pdf）

① 海域の概要

南三陸の中心部に位置し、湾内には荒島や椿島などの大小の島々が散在している。湾内では古くからノリ・カキ・ワカメ・ホヤ等の養殖が行われている。

② 諸元

湾口幅：6.6km、面積：46.8km^2、湾内最大水深：54m

③ 位置

宮城県本吉郡南三陸町歌津埼と寺濱三角点（北緯38度38分0秒東経141度31分51秒）を結ぶ線及び陸岸により囲まれた海域。

④ 環境

水質は比較的良好な状態を維持している。COD年平均値をみると、漁港内を除き2mg/ℓ以下で推移している。

⑤ 自然

志津川湾はリアス式海岸で有名な三陸海岸南部の中心にあり、南三陸金華山国定公園に指定され、湾奥北岸の袖浜海水浴場は「日本の水浴場88選」に選定されている。北・西・南の三方を山に囲まれ、北上山系から発した八幡川、水尻川、新井田川、折立川、水戸辺川が流れ込んでいる。

⑥ 文化・歴史

志津川は江戸時代には仙台藩養蚕の発祥地として栄えた。志津川町はチリ地震津波（1960年5月24日 チリ沖M8.5））により、甚大な被害を受けたが、被災国であるチリ共和国との友好のシンボルとしてモアイ像がある。これは、1991年に南三陸町がふるさと創生事業の一環として、チリ人彫刻家に依頼して創ったイースター島のモアイが、志津川地区の松原公園に設置されたものである。東日本大震災でモアイ像も被災したが、日智経済委員会チリ国内委員会の協力で、さんさん商店街の菓房山清脇に鎮座している。「モアイ」は、イースター島のラパヌイ語で「未来に生きる」という意味である。（https://www.sansan-minamisanriku.com/archives/44373.html/）

⑦ 産業

志津川湾は、古くからノリ、カキ、ワカメ、ホヤ等の養殖が行われている。また、世界に先駆けて始まったギンザケ養殖も全盛期には35億円の水揚げである。南三陸の観光拠点ともなっており、湾内の荒島、椿島、海水浴場として整備されている袖浜など、海洋性の観光資源も充実している。

⑵ 河　川

志津川湾の湾奥に流入する主要河川は、八幡川、水尻川、折立川である。志津川湾への流入河川の状況を、宮城県の「管内河川の概要」および参考文献2により河川流路延長及び流域面積を整理するとは次の通りである[2)]。（https://www.pref.miyagi.jp/soshiki/ks-doboku/river001.html）

稲渕川（200m、0.88km^2）、伊里前川（7,800m、17.72km^2）、桜川（2,185m、9.23km^2）、新井田川（2,100m、7.96km^2）、八幡川（5,500m、31.60km^2）、水尻川（3,400m、19.20km^2）、折立川（2,800m、15.00km^2）、西戸川（1,700m、折立川に含む）、水戸辺川（3,124m、16.60km^2）、長清水川（1,320m、2.50km^2）。

南三陸町　VIRTUAL MUSEUMのホームページの「自然の輝」より主要三河川の特徴を紹介しよう。河川の風景も見られる。（https://www.town.minamisanriku.miyagi.jp/museum/natural/index.php?c=2）

① 八幡川：町内でもっとも広い流域面積を持つ河川で、五百峠～水界峠～羽沢峠の山々を水源とする八幡川本流と、弥惣峠～松坂峠～坂の貝峠の水を集める桜葉川の流れが合流して志津川の街区を貫いて海に注ぐ。整備に併せて保呂羽山麓にあった八幡宮が志津川宿の川向いに移転したことから、八幡宮の前を流れる川ということで現在の呼称になった。

② 水尻川：旧登米町境の羽沢峠からの本流に、保呂羽山西麓の入大船沢、東麓の保呂毛の沢を併せて流れ下る川。流域からは縄文遺跡はもちろんのこと、古代の土師器も出土し、平泉藤原秀衡の四男高衡の故地とされ、有銘のものだけでも百基近い板碑が発見され、中世本吉氏の居館である朝日館

跡やその菩提寺である大雄寺が残るなど、中世以前の志津川の歴史を育んできた母なる川である。

③　折立川：旧津山町境の横山峠に源を発し、荒町集落で並石川と中沢川を加え、翁倉山から東方に走る切曽木～大日向の山並みから流れ出る沢水を集めた西戸川と合流、さらに海岸近くで干谷川を併せて海に注ぐ川で、河口は志津川湾の最奥部になっている。

⑶　水　質

志津川湾の水質については、日本財団助成事業の海洋酸性化適応プロジェクト（特定非営利活動法人里海づくり研究会議）の一環として、一般社団法人サスティナビリティセンターが南三陸町自然環境活用センター及び宮城県水産技術総合センター気仙沼水産試験場の協力の下に2022年11月28日に行われた調査結果による「志津川湾水質分析結果概要」によれば、次の通りである。

①　水温：表層で16.1～16.9℃、底層で15.8～16.9℃。
②　塩分：表層で33.8～34.1‰、底層で33.8～34.1‰。
③　無機栄養塩：各項目は以下の範囲内にあった。
　　リン酸態リン（PO4-P）：8.4～20.4μg/L
　　アンモニア態窒素（NH4-N）：15.3～33.6μg/L
　　亜硝酸態窒素（NO2-N）：4.4～6.6μg/L
　　硝酸態窒素（NO3-N）：11.1～26.1μg/L
　　（三態窒素　　　　31.3～66.3μg/L）

なお、環境基準としては、COD（化学的酸素要求量）が志津川湾（甲：八幡川・水尻川河口）でB（3mg/L以下）、志津川湾（乙：その他の湾奥部）でA（2mg/L以下）、窒素・リンは志津川湾全域ではⅡ（全窒素0.3mg/L以下、全燐0.03mg/L以下）である。

⑷　志津川湾と漁業

南三陸町と言えば、漁業の街である。日本の郷文化のホームページの「郷自慢　南三陸町の名産物　世界三大漁場三陸沖の漁師のまち」より紹介しよ

う。(http://jpsatobunka.net/Meisan/miyagi/miyagi-06.html)

志津川湾内では、カキやホタテ貝・ワカメなどの養殖漁業が栄えている。また、サケ・ヒラメ・ホシガレイなどの放流やアサリの種苗生産など育てる漁業にも力を入れている。世界に先駆けた銀鮭養殖発祥の地である南三陸町では、毎年、サケ稚魚の放流事業が実施されている。銀鮭は「伊達の銀」としてブランド化されている。

天然資源に恵まれた志津川湾は、豊な海藻類が豊富に茂る海で、餌が豊富な湾に生息し大きく成長するアワビやウニは特産である。とくに、歌津のアワビとして昭和天皇に献上された由緒あるアワビである。海浜高度利用施設(海浜センター)では、町の基幹産業の水産業の拠点として、育てる漁業から、資源管理型のニーズに応えるため力が注がれている。

南三陸町では毎年12月29日に「南三陸志津川おすばで祭り」が年の瀬の一大イベントとして開催され、11月中頃の日曜日に毎年「志津川おさかな通り大漁市」も盛大に開催されている。

4．東日本大震災と志津川湾

(1) 水産業の復興

南三陸町の復興に際しては、復興交付金事業が行われた。これは、南三陸町が迅速な復旧にむけて主体的に取り組むための主要な支援制度である。一般財団法人建設経済研究所の「建設経済レポート No. 73」(2021年3月)の「1.4東日本大震災の復旧復興の現状と今後のあり方」より南三陸町の復興状況を紹介しよう。

復興事業としては、2013年度に住まい・まちの再生に重点がおかれた。復興事業の平均事業期間としては、「住まい・まち」4.6年、「道路」6.0年、「河川・海岸」5.3年、「農水林」5.4年と長い年月がかった。2018年度には、ほとんどの事業が完成している。一瞬の津波による町の破壊を、少しでも復旧するには、現代の力をもってしても6年以上かかるというのが現実である。これは、インフラの整備に限定したことであり、人々の暮らしや産業が元通りになるにはさらに多くの時間を要すると思われる。

これらの公共事業とは別に、南三陸町の水産施設の復興について紹介しよう。南三陸町の「東日本大震災からの復興　～南三陸町の進捗状況～」（2019年12月１日）によれば、水産業の復興状況は次の通りである。

○町管理漁港
　被災漁港数　19港
　復旧工事着手　19港
○漁船
　震災前漁船数　2,194隻
　震災後　778隻
○養殖売上高
　震災前（平成21年度）約41.3億円
　震災後（平成30年度）約37.7億円
○魚市場水揚量
　震災前（平成21年度）8,484t
　震災後（平成30年度）6,678t
○魚市場取引額
　震災前　平成21年度　約17.1億円
　震災後　平成30年度　約21.0億円

南三陸町と宮城県漁業協同組合志津川支所は「仕事を失った漁師や地元住民のため、一刻も早く水産施設を復旧させたい」という思いで国に助成を働きかけ、仮設魚市場や作業所、漁船、機器設備の早期復旧に努めてきたが、事業費用は、町や漁業組合に重い負担となった。

公益財団法人ヤマト福祉財団（本部：東京都中央区、理事長：有富慶二）「東日本大震災生活・産業基盤復興再生募金」の第１次助成先として南三陸町の水産業基盤施設緊急復興事業に総額３億4,700万円を助成し、2011年10月には秋サケの水揚げ最盛期に間に合うタイミングで仮設市場が竣工、2012年５月には「仮設ワカメ作業所」、そして2012年10月には「仮設カキ処理場」が落成した。また、2016年６月１日宮城県漁業協同組合志津川支所も仮の施設から移転、南三陸町地方卸売市場が震災前の市場跡地に再開された。（写真７、８、９）

写真 7　JF 宮城志津川支所
出典）筆者作成

写真 8　南三陸町地方卸売市場①
出典）筆者撮影

写真9　南三陸町地方卸売市場②
出典）筆者撮影

志津川湾魚市場の活動の様子は、下記のYouTubeでご覧いただきたい。

（https://www.youtube.com/watch?v=0lFgQuEsvxw）

新しい市場は、2018年1月31日に一般社団法人大日本水産会より「優良衛生品質管理市場・漁港」認定を取得し、宮城県内で初めての取得となり、国内では15番目の取得となる。

⑵　漁協の役割と漁民の意志

東日本大震災の被災を乗り越えて、南三陸町のインフラ整備や水産業関連施設が整えられてきた。しかしながら、最も大事なことは、水産業に携わっておられる関係者の意識である。2014年度から5ヵ年かけて実施された環境省の「環境研究総合推進費（S-13）『持続可能な沿岸海域実現を目指した沿岸海域管理手法の開発』」では、南三陸町の宮城県漁業協同組合志津川支所・森林組合などの協力を得て、林業者、漁業者を対象とした意識調査などを行ってきた。その内容については、文献3をご覧いただきたい。アンケート調査は、宮城県漁業協同組合志津川支所佐藤俊光支所長（当時）や組合員のご協力を得て、89名の回答を得た。とくに、志津川湾の保全に対する意識が最も重要と考え、志津川湾の環境保全に対して、どの程度お金を払ってもいいかという「支払い容認価格」という方法で実施した。その結果、上流森林保全には平均として5,192円／年、磯焼け防止対策には、6,183円／年、藻場保全には6,337円／年でという高い値であった。

この値は、東日本大震災の復興期という厳しい現実の中での値であり、極めて高いものである。すなわち、自らの手で、志津川湾を守り抜こうという強い意志を感じることができる。環境省 S-13プロジェクトの研究成果についてご関心のある方は、BS キャンパス ex 特集「シリーズ海と日本」で見ることができるので、是非ご覧いただきたい。（https://www.emecs.or.jp/s-13/publication/item212）

その調査結果は、第５回志津川湾の漁業環境を考える協議会（2018年７月31日）で組合員の皆さんにご報告した（写真10）。

S-13プロジェクトの研究成果の一つとして、志津川湾のカキについての

写真10　志津川湾の漁業環境を考える協議会
出典）筆者撮影

ASC 国際認証がある。

S-13テーマ２の研究代表者である小松輝久氏（現日本水産資源保護協会技術顧問、元東京大学大気海洋研究所）は、衛星リモートセンシングによる藻場のマッピング作成により、三陸海岸の藻場回復支援マップを作成した。志津川湾藻場復元支援マップは、以下のアドレスで見ることができる。（https://www.npec.or.jp/investigation/pdf/shizugawa_map.pdf）

その研究の延長線上で、宮城県漁業協同組合志津川支所との話し合いのもと、志津川湾の養殖筏分布も作成され、震災前の30％にまで筏を削減するという決断に至る重要な科学的判断材料となった。これは、過密に配置された筏で養殖されたときには３年かかっていたものが、このことにより出荷まで７-10ヶ月程度で出荷できるという画期的な成果である（写真11）。

この成果は、単にカキ養殖の生産だけに及ばず、環境に大きな負担をかけず、地域社会にも配慮した養殖業を認証する世界的団体である水産養殖管理協議会（Aquaculture Stewardship Council：ASC）に、2016年５月に志津川湾戸倉地区のカキ養殖が認証された[4)]（写真12）。

詳しい情報は、一般社団法人サスティナビリティセンター発行（2021年２月10日）の、戸倉っこかきの冒険をご覧いただきたい。

写真11　志津川湾（戸倉支所より）

出典）筆者撮影

写真12 「南三陸戸倉っこかき」看板
出典）筆者撮影

（https://m-sustainable.org/wp-content/uploads/2020/12/ASC-KAKI_7.5MB.pdf）

また、ASC 国際認証の「戸倉っこかき」の水揚げの様子は、下記の YouTube をご覧いただきたい。（https://www.youtube.com/watch?v=mCI8q5r7ZSc）

ところで、東日本大震災で壊滅的な被害を受けた志津川湾を以前にもまして、復興させた多くの人の中で、宮城県漁協志津川支所の運営委員長佐々木憲雄氏（故人）について紹介したい。佐々木憲雄氏は、南三陸町全体の復興計画にもご尽力されるとともに、志津川湾の漁業に関しては、さきの筏削減の課題や ASC 認証にも多大な貢献をされてきた。長い歴史を有する、志津川湾の漁業が東日本大震災という未曽有の被害を受け、立ち直るには多くの人の努力が必要であった。しかし、そこには、一つ一つの重要な決断が求められる。私も、ASC 認証作業の経過について志津川支所戸倉出張所の関係各位に詳細なヒアリングを2018年２月22日に行った。ヒアリングでは、漁業者の積年の課題を解決するまでの苦労が語られたが、その決断の後押しをしてくれたのが佐々木憲雄氏であったと述懐された。

ここで、佐々木憲雄氏の心意気を紹介しよう。

2017年１月20日、立命館大学大阪いばらきキャンパス（大阪府茨木市）において環境省「環境研究総合推進費 S-13」プロジェクトのテーマ４「沿岸海域の生態系サービスの経済評価・統合沿岸管理モデルの提示」（代表：仲上健一）のシンポジウム「漁業者が語る里海の今」が行われた。シンポジウムの趣旨は「日本は海に囲まれ、これまで海と共に生きてきました。海と私たちの接点になる沿岸海域の中でも、里海は、古くから水産・流通をはじめ、文化と交流を支えてきた大切な海域です。高い生物生産性と生物多様性が求められ、陸地でいう里山と同じように、人と自然が共生する場所でもあります。しかし、人口減少・高齢化による「消滅地域」の拡大が予測されており、沿岸海域、そして里海も例外ではありません。今回のシンポジウムでは、宮城県の三陸沿岸にある南三陸町と、岡山県の瀬戸内海沿岸にある備前市日生（ひなせ）地区で、それぞれ里海づくりに携わっている漁業者の方をお招きし、ご来場のみなさまとともに、里海の今について議論することが出来ればと考えます。」という内容である。

パネルディスカッションにおける、佐々木憲雄氏の発言を紹介しよう。

「**仲上健一**　佐々木運営委員長、何か南三陸町、志津川漁協のほうで、例えば、東北地方とか東京とかに訴えられるようなことがありましたらご紹介ください。」

「**佐々木憲雄**　実は震災前なんですけど、いわゆる海流調査がありまして、山形大学だと思ったんですが、調査していただいて、毎年のことなんですけど、こんなに汚い海ない。こんなに酸素のない海ないよって言われたの。それがずっと頭にありました。私も加工業やってたものですから、漁業と加工業と二つやってたものですから、これ何とか改革しなきゃいけないなっていう思いがずーっとありまして、改革しようとしてずっといろんな先生方を呼んでいろんな話を聞きながら始めて、やろうかと思ったときに津波が来たんですよ。で、幸いというか、すべての漁場がなくなったんで、これはやるしかねえぞということで、今まで７メーターに１台ぐらいの感覚であったんですよ、カキが。伸びるわけないんですよ。それを40メーターにした、一気に、７メーターから40メーターですよ、40メーターにしてみたら１年後でむけるんですよ。これ、すごい発信力だなと思いまして、今、がんばる漁業ってやってたんで、みんなで協力して106人かな、津波があって震災で106人も３年間も育てたってんですけど、これをやったんですよ、戸倉地区で。それをやって、カキ、ワカメ、ホタテをやったんですけど、それでその後にそれぞれ終わって２年目なんです、今。２年目なので、一人個人個人になって２年目なんですけど、１年ですごい評価が出てます。これを多分１年後でむけますから、いかだの３分の１、半分でいいんですよね。だからそういう部分で非常に水揚げが出てくるんじゃないか、私は期待しています。」

「**仲上**　それでは最後に佐々木様に志津川の将来といいますか、2050年ぐらいには志津川、こんなかたちになってるとか、2100年にはこういう、これを目指したいことが何かこの場で言いたいことがありましたら、よろしくお願いします。」

「**佐々木**　今、先ほど桜井先生のほうからおっしゃいました、後継者の問題がわれわれ、一番心配してるといいますか、頭に残ってるんですけど、私は、どうなんですか、海は。後継者が３分の１、半分になったとき、どうなんですかって話をよく聞かれるんですが、全然心配ないとは言わないんですけど、私はあんまりそんなに深刻に考えることじゃないぞ、つまり一人一人の水揚げが増えるし、そういった中では海を守るっていう、本気になって街を好きだっていう人間が多いんでそういった意味で、非常に、その辺はそんなに心配しなくて大丈夫だよなというふうには思っております。それと、やっぱり震災で非常にうちから何からすべてなくしたっていうほとんどの方がいました中で、先ほども言いましたように国内はもとより海外の方々、本当にいろんな支援をしていただきました。これに関しまして、われわれとしては何としても忘れない、これから先もずーっとそういったものでは皆さんにこたえていかなきゃならないっていう思いがあります。そういった中でわれわれ作るものはどこにも負けないようないいものを作ろう。それが消費者の方々に認めてもらえるようなものを作りさえすれば、絶対にいいんだっていうような思いをこれからもわれわれ海の者はずーっとそう思ってますんで、そういった意味では一生懸命物作りに頑張りたいというふうに思ってますんで、よろしくお願いしたいと思います。」と志津川湾の未来に期待を寄せたメッセージを頂いた。

⑶　ラムサール条約

2018年10月18日に南三陸町志津川湾がラムサール条約湿地に登録された。ラムサール条約の正式名称は「特に水鳥の生息地として国際的に重要な湿地に関する条約」で、正式題名はImportance Especially as Waterfowl Habitat、日本での法令番号は昭和55年条約第28号である。「ラムサール条約」は、この条約が作成された地であるイランの都市ラームサルにちなむ通称である。2021年12月現在、日本におけるラムサール条約登録地は53か所、総面積は155,174ヘクタールである。

日本で52番目、世界で2,358番目のラムサール条約湿地で、南三陸町役場および町民みんなの願いが結実した。東北地方では初の海域の条約湿地であり、海藻の森＝藻場の貴重さが認められての登録は国内で初めてである。

南三陸町農林水産課水産業振興係のパンフレット「ラムサール条約湿地志津川湾」によれば、「志津川湾」が世界に認められた理由は以下の３点である。

① 海藻の森と海草の草原：志津川湾では、現在までに210種以上の海藻・海草類が確認されています。また、冷たい海を代表するコンブ類「マコンブ」と暖かい海を代表するコンブ類「アラメ」の森が同じ場所で見られる世界的にも珍しい海です。

② 希少な水鳥の越冬地：国の天然記念物と絶滅危惧種に指定されているコクガンやオオワシ、オジロワシなどの希少な水鳥が毎年冬を越しにやってきます。

③ 寒流と暖流が混ざり合う豊かな海：独特の海洋環境を背景に、海藻・海草類210種以上、動物550種以上が確認され、科学的に生物多様性の高さが示されています。

5．里海の価値を測る

東日本大震災の災禍を乗り越え、志津川湾の自然、漁業も復興しつつある。志津川湾復活の営みは、地元の漁民・住民また宮城県そして全国の人々の思いによってなされたものである。

里海づくりが地域の復興や創生を通じて人々の暮らしに根付いて、心の支えになれば未来は明るいといえるであろう。

ところで、里海の価値をどのように考えたらいいのであろうか。里海の象徴的な価値を単純に経済的価値に置き換えることはできない。しかし、私たちの経済活動の中で、里海の意味をより深く理解するためには、その価値について考えることは意義深いものである。

生態系サービスに関する概念は古く、1960年代からあったが、ミレニアム生態系評価では、国連の主導で2001年から2005年にかけて研究され、生態系サービスを供給サービス、調整サービス、文化的サービス、基盤サービスに類型し、生態系サービスの豊かさが人間の福利に大きな関係を有することを強調した。

また、里山・里海における生態系サービスと人間の福利（安全・良好な生活のための基本的物質・健康・良好な社会関係）との関係を示すJSSA（Japan Satoyama Satoumi Assessment）のインターリンケージ分析において、「里山・里海の生態系サービス間のインターリンケージ」、「生態系サービスと人間の福利の間のインターリンケージ」、「里山・里海ランドスケープの空間と時間の間のインターリンケージ」が国際連合大学により提示された[5)]。

生態系サービスの経済的価値を評価するための手法として、顕示選好法（代替法、トラベルコスト法、ヘドニック法）と表明選好法（仮想評価法、コンジョイント分析）がある。

生態系サービスの経済的価値の評価方法に関心をお持ちの方は、環境省の生物多様性センターの「自然の恵みの価値を計る――生物多様性と生態系サービスの経済的価値の評価――」のホームページで勉強してほしい。

(https://www.biodic.go.jp/biodiversity/activity/policy/valuation/jirei.html)。

また、2022年度藻場モニタリングサイト1000調査速報（環境省生物多様性センター）として、志津川サイトがある。最新の志津川湾の生態系の生き生きとした状況がわかる（https://www.biodic.go.jp/moni1000/findings/newsflash/pdf/moba_2022.pdf)。

環境省は、2014年５月23日に「湿地が有する経済的な価値の評価結果について」を発表した[6)]。評価結果によると、評価対象の日本の干潟49,165haを対象として、供給サービス（食料）約907億円／年、調整サービス（水質浄化）約2,963億円／年、生息・生育地サービス（生息・生育環境の提供）約2,188億円／年、文化的サービス（レクリエーションや環境教育）約45億円／年と総計年間約6,103億円と評価した。日本の干潟を守り、里海を育てようというより、イメージがわきやすくなる。

里海の生態系サービスを厳密に測定することは不可能な作業である。そこに推定される生態系サービスは、地域の潜在力を示すだけであり、地域の経済活動の実態を必ずしも示していない。しかしながら、生態系サービスの推計値が、現実の経済活動にリンクするような形で測定されることにより、政策担当者・市民により実感を持った数値を示せることができるだろう。そこで、生態系サービスの推定値が地域経済政策に反映するためには、沿岸海域における漁業及び海を軸とした観光業に着目した経済波及効果を推計することで現実の経済社会に一歩近づけることもできる。すなわち、供給サービスでは、食料（海面漁業・水産物・養殖）とし、その代表値として漁獲高とする。文化的サービスでは、レクリエーションとして、その代表値として観光産業収入とするという簡便法である。この方式を用いて、志津川湾の生態系サービスの価値296億円／年と推定した[7)]（図７）。志津川湾の雰囲気は写真13、14、15をご覧いただきたい。

志津川湾の生態系サービスの推定値を理解するために、岡山県の日生湾(181億円／年)、石川県の七尾湾（381億円／年）との比較を行った。また、全国的に有名な気仙沼湾（419億円／年)、広島湾（755億円／年)、富山湾（1,227億円／年）を推定し、志津川湾が漁業、観光とも頑張っていることが理解で

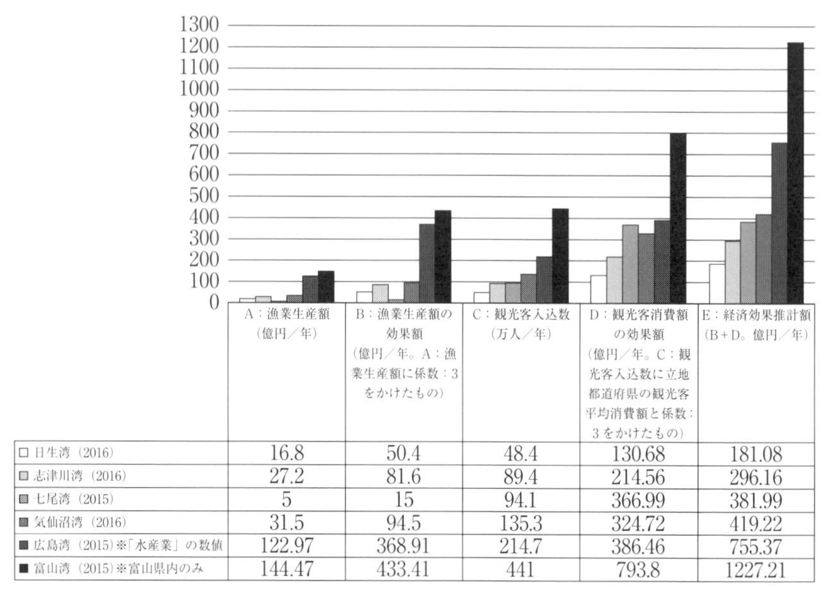

	A：漁業生産額（億円／年）	B：漁業生産額の効果額（億円／年。A：漁業生産額に係数：3をかけたもの）	C：観光客入込数（万人／年）	D：観光客消費額の効果額（億円／年。C：観光客入込数に立地都道府県の観光客平均消費額と係数：3をかけたもの）	E：経済効果推計額（B＋D。億円／年）
□ 日生湾（2016）	16.8	50.4	48.4	130.68	181.08
■ 志津川湾（2016）	27.2	81.6	89.4	214.56	296.16
■ 七尾湾（2015）	5	15	94.1	366.99	381.99
■ 気仙沼湾（2016）	31.5	94.5	135.3	324.72	419.22
■ 広島湾（2015）※「水産業」の数値	122.97	368.91	214.7	386.46	755.37
■ 富山湾（2015）※富山県内のみ	144.47	433.41	441	793.8	1227.21

図7　里海の生態系サービスの経済効果

出典）参考文献7

写真13　下道荘より見た志津川湾

出典）筆者撮影

写真14　志津川湾大森崎から荒嶋神社を望む
出典）筆者撮影

写真15　志津川湾漁港
出典）筆者撮影

きる。

この考え方をさらに発展させて、里海の持続可能性を評価するためには、里海の要素である、「きれいで・豊かで・賑わいのある」という3要素を基本にして評価することも可能であろう。里海の生態系サービスのサステイナビリティ性を評価する場合、従来は対象地域の環境・社会・経済の諸側面を把握するに限定されていた。これは、里海の現状を評価したにすぎない。この現状を基本に生態系サービスの多様性・持続性を保障するためには、サステイナビリティを実現するための**能力**さらにはその能力を活かす**意思**が必要である。サステイナビリティの状態を基本に、里海のサステイナビリティを可能にするための能力の要素として、「多様性」、「脆弱性」、「回復力」が要素としてあげられる。これらの能力が総合的に把握された場合、里海のサステイナビリティを実現するためには、地域のみならず都市との連携さらには未来に向けたムーブメントが必要である。サステイナビリティ実現のためのムーブメントを起こそうという「意思」が不可欠である。サステイナビリティの能力を発揮するための「意思」の要素として、「マネジメント（運営）」、「ケイパビリティ（人材育成）」、「社会的合意」が要素としてあげられる[8)9)]（図8）。

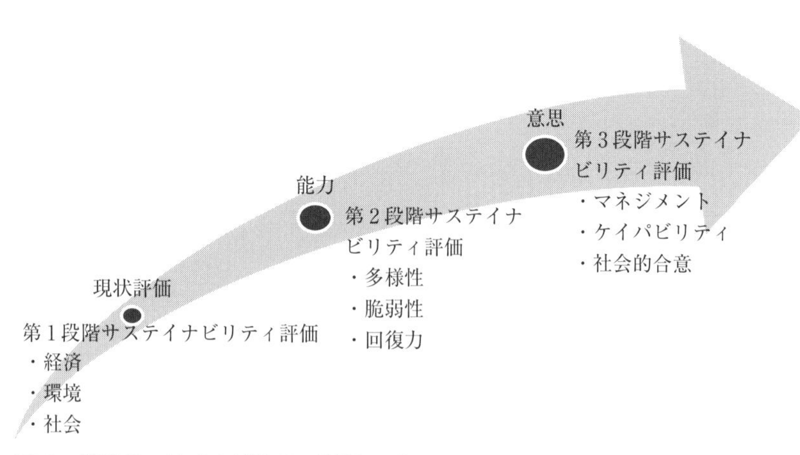

図8　動的サステイナビリティ評価のプロセス

出典）参考文献9

里海の生態系サービスを守り育てようという地域及び国民の強い思いが持続的に形成されないと、里海は一気に普通の沿岸になってしまうのである。

6．おわりに

志津川湾を歩いて、里海の意義を感じてもらえたら望外の喜びである。日本には、700個所ちかい里海づくりがある。現在里海づくりムーブメントは着実に広がっている。「里海」に関心を持っていただき、海を見て人を見てそして未来を見つめてほしい。

謝辞　本文作成にあたって、伊藤達也氏（法政大学文学部教授）および吉岡泰亮氏（立命館大学政策科学部授業担当講師）に、ご協力を頂いた。記して謝意を表します。

参考文献

1）　南三陸町、「志津川湾 保全・活用計画（案）森里海ひと いのちめぐるまちをめざして」、2021年12月
2）　山本裕規・吉木健吾・小松輝久・佐々修司・柳哲雄、「志津川湾における陸域一海域統合数値モデルによる持続可能な沿岸域環境実現のための最適養殖量の解析」、土木学会論文集 B2（海岸工学）、Vol. 74、No. 2、2018年
3）　小幡範雄・吉岡泰亮、「沿岸海域開発と漁業」、柳哲雄編、『里海管理論』、農林統計協会、2019年
4）　小松輝久他、「志津川湾における海洋環境に及ぼす養殖の影響――里海手法による海洋環境の管理――」、公益財団法人世界自然保護基金ジャパン（WWFジャパン）、『震災復興から生まれた持続可能な養殖～南三陸戸倉の挑戦～』2021年３月に所収
5）　日本の里山・里海．2010．里山・里海の生態系と人間の福利：日本の社会生態学的生産ランドスケープ―概要版―国際連合大学、東京.
6）　環境省報道資料；「湿地が有する経済的な価値の評価結果について」、2014年５月23日
7）　仲上健一、「瀬戸内海における生態系サービスの価値」、環境技術、第50巻、

第３号、2021年
8）　仲上健一、「沿岸海域の生態系サービスと里海のサステイナビリティ評価」、沿岸海洋研究、第56巻第１号、2018年８月
9）　仲上健一・吉岡泰亮・留野僚也、「持続可能な沿岸海域実現のためのサスティナビリティ評価」、政策科学、Vol. 25、No. 3、2018年３月

Ⅱ

多摩川水系・野川を歩く

山本佳世子

1．はじめに——多摩川水系・野川——

日本国内には多くの「野川」という名称の河川があるため、まずは本稿で対象とする「野川」について紹介したい。本稿で対象とする野川とは、東京都を流れる多摩川水系多摩川支流の延長20.2km、流域面積69.6km^{2}の一級河川である。国分寺市東部の日立製作所中央研究所敷地内の湧水を水源とし、後述する国分寺崖線（はけ）に沿って、随所で湧水を集めながら、小金井市、三鷹市、調布市、狛江市、世田谷区を流れ、二子玉川から多摩川に合流する都市型河川である。図１に野川流域図を示す。この図から、野川流域が多くの自治体にまたがっており、意外と広範囲にわたることがおわかりいただけるであろう。なお、日立製作所中央研究所には毎年春と秋に１日ずつ庭園特別公開日があり、こうした時に野川の水源を一般の人々も訪問することができる。

野川には、狛江市東野川で入間川、世田谷区鎌田で仙川が合流する。仙川は、小金井市貫井北町が水源であり、国分寺崖線上の武蔵野台地をほぼ南東に流れ、武蔵野市、三鷹市、調布市を経て、世田谷区鎌田付近で野川と合流する一級河川である。一方、入間川は、調布市東つつじヶ丘の国道20号線付近を上流端とし、国分寺崖線下の調布市街地を南東に流れ、狛江市東野川付近で野川と合流する一級河川である。ただし、調布市深大寺東町に入間川の源流地跡の碑が立っている。表１にこれら３河川の規模を示す。この表から、延長は、野川と仙川はほぼ同じであるが、入間川が短いことがわかる。

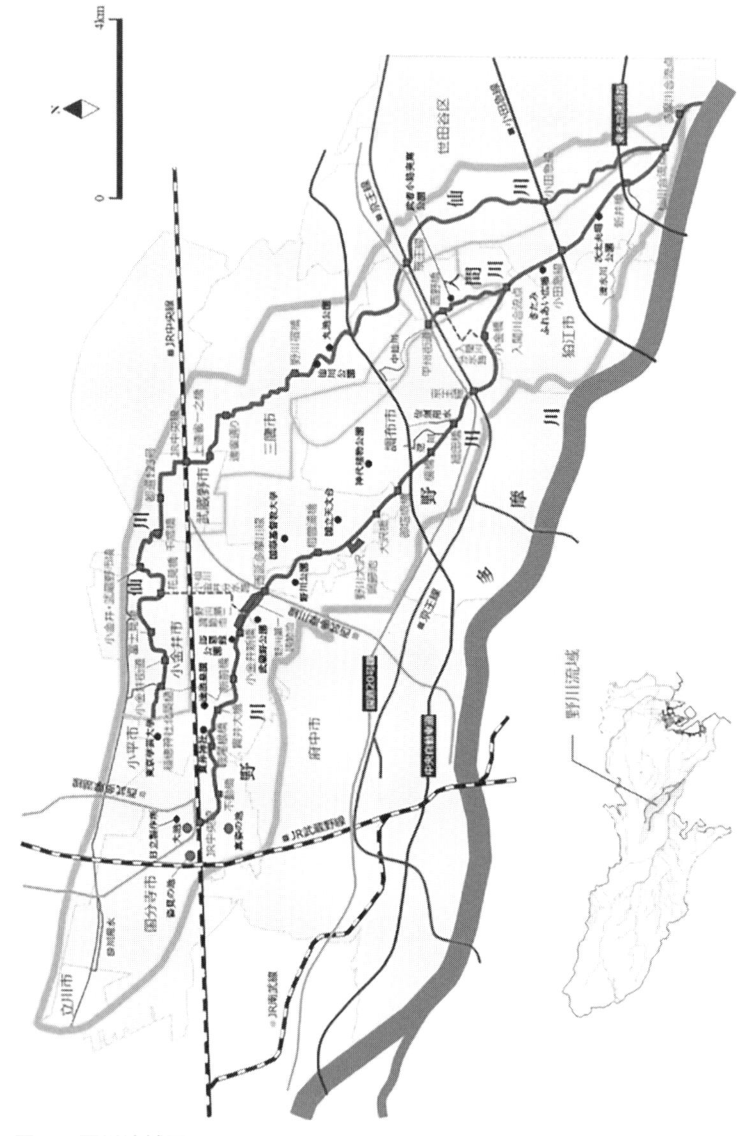

図１　野川流域図
出典）東京都建設局ウェブサイト
（https://www.kensetsu.metro.tokyo.lg.jp/jigyo/river/nogawa.html）

表１　野川、仙川、入間川の規模

	野川	仙川	入間川
延長（km）	20.2	20.9	1.8
流域面積（km^2）	69.6	19.8	3.5

出典）東京都建設局ウェブサイト
（https://www.kensetsu.metro.tokyo.lg.jp/jigyo/river/nogawa.html）

また、流域面積は、自明のことではあるが、野川が他の２河川よりも圧倒的に大きいことがわかる。

２．野川流域と国分寺崖線

国分寺崖線は、立川崖線と同様に、古多摩川が南へと流れを変えていく過程で武蔵野台地を削り取ってできた河岸段丘の連なりである。国分寺崖線は延長約30kmで、立川市砂川九番から始まり、野川に沿って東南に向かって延び、東急線二子玉川駅付近で多摩川の岸辺に近づいて、以後は多摩川に沿って大田区田園調布付近まで続いている。国分寺崖線は、上流の立川市ではほとんど高さがないが、府中市内の東京都立府中病院付近では15mほどに高さを増し、世田谷区成城学園から下流では20mを超える高さとなる。住宅地化や農地化が進み、国分寺崖線では崖線の面積に対して約35%の樹林地が現在は残っている。

「はけ」と呼ばれる国分寺崖線の斜面からは、かつてに比べれば大幅に減少しているものの、調布市の深大寺から世田谷区成城のみつ池にかけて多くの清水が湧き、市街地の中の親水空間として、また野鳥や小動物の生活空間として貴重な自然地となっている。そのため、野川流域連絡会（2000年設立）は、水辺に近づきやすい川づくりを基本とし、野川と東京都立武蔵野公園・野川公園とを一体的に整備するなど、緑豊かな自然環境を創り出している。野川流域連絡会は、公募による都民委員、団体委員27名、行政委員20名の合計47名の委員から構成され、互いの情報を共有しながら、意見交換、提案、勉強会、自然観察会など行っている。なお、はけ（またはハッケ、バケ、バッケ、ハゲ等）は、一般に河岸段丘の崖線・崖面や山地の崖そのものを指すほか、崖上の地域や集落を含めて指すことも多く、はけとその同意語の地名は全国各地に見られる。

3．野川流域での水害

野川は川幅が小さく、水深が浅い河川であるため、集中的な降雨により河川水位が急激に上昇することがある。そのため、野川流域では、梅雨、台風、雷雨、集中豪雨の時に水害がしばしば発生していた。近年で最も深刻な被害が出たのは、2005年（平成17年）９月の集中豪雨の時である。表２にこの時の野川、仙川、入間川の流域での水害を示す。この時には、これら３河川の流域では、浸水面積合計15.5ha、浸水家屋数（床下）合計は233、浸水家屋数（床上）合計は219であり、とても甚大な被害が発生した。

図２に野川、仙川、入間川、谷沢川及び丸子川流域浸水予想区域図を示す。この図から、特に野川下流の狛江市付近では、浸水した場合に想定される浸水深が高くなっていることが明らかである。

表２　野川、仙川、入間川の流域での2005年９月の集中豪雨による水害

	野川	仙川	入間川
瞬間最大豪雨（mm）	95	109	109
浸水面積（ha）	9.6	3.2	2.7
浸水家屋数（床下）	125	60	48
浸水家屋数（床上）	102	64	53

出典）東京都建設局ウェブサイト
（https://www.kensetsu.metro.tokyo.lg.jp/jigyo/river/nogawa.html）

4．野川流域での洪水対策

野川流域での洪水対策では、年超過確率1/20（１時間あたり65mm）規模の降雨に対応することを目標としている。洪水対策として、主に河道改修や調

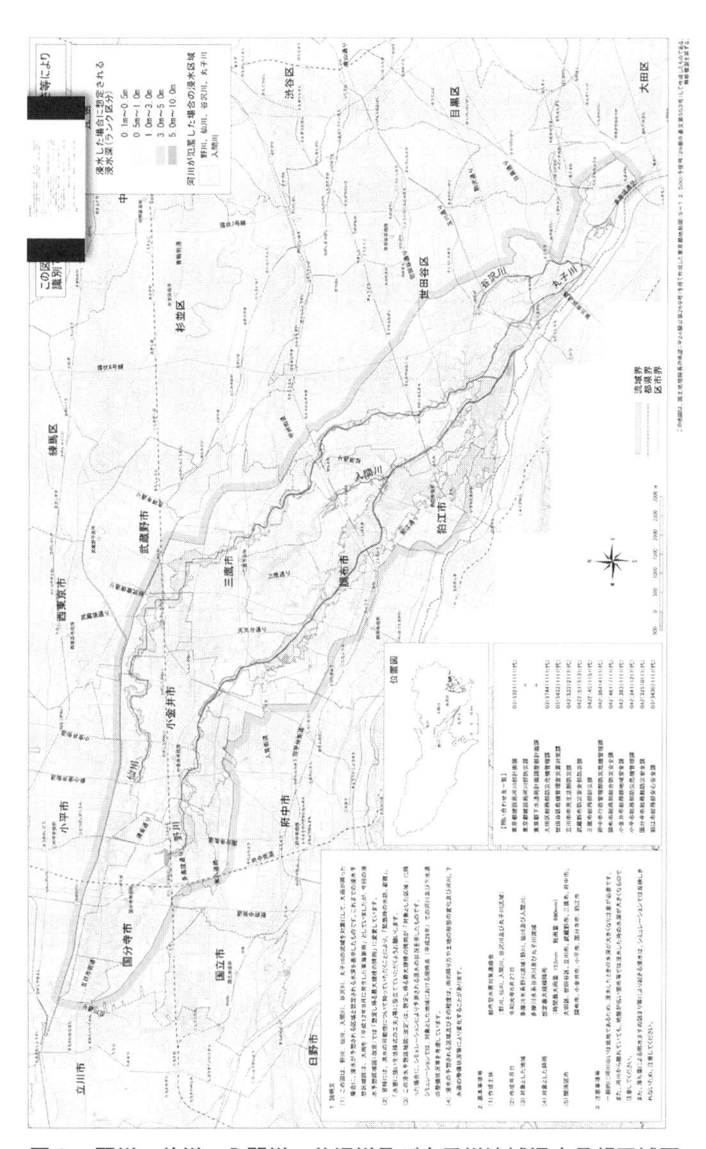

図2　野川、仙川、入間川、谷沢川及び丸子川流域浸水予想区域図

出典）東京都建設局ウェブサイト
（https://www.kensetsu.metro.tokyo.lg.jp/jigyo/river/chusho_seibi/index/menu02-06.html）

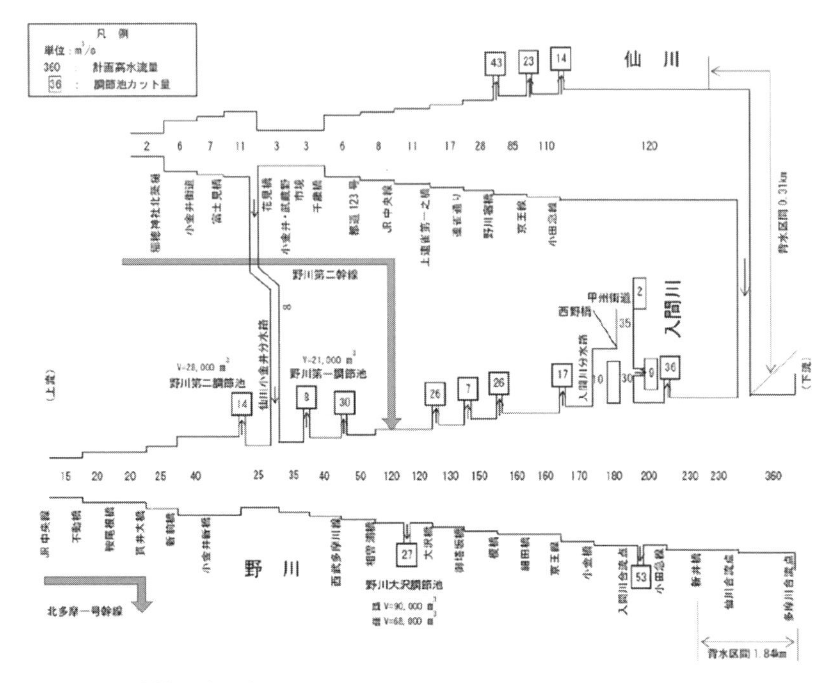

図３　野川流域の計画流量配分図

出典）東京都建設局ウェブサイト
（https://www.kensetsu.metro.tokyo.lg.jp/jigyo/river/nogawa.html）

節池の整備を行い、各河川の計画流量の確保を目指している。図３に野川流域の計画流量配分図を示す。

河川改修では、１時間あたり50mm 規模の降雨による計画洪水流量を安全に流下させるため、河道改修（護岸整備・河床掘削）が行われている。なお、野川及び仙川における護岸整備実施済の一部区間では、最下流部の整備状況に応じ、計画の河床高まで掘削せず、暫定的な深さに留めていたことから、河床掘削を引き続き行うこととしている。

野川流域では、年超過確率1/20（１時間あたり65mm）規模の降雨によって生じる水害に対処するため、河道整備に加えて調節池の整備を行っている。図３に示すように、東京都立武蔵野公園内の野川第一調節池（21,000m^3）と野川第二調節池（28,000m^3）、野川大沢調節池（90,000m^{3}に加えて68,000m^{3}を拡張）を既に整備している。現在、野川流域では新たな調節池の整備に向け、さらに検討を進めている。

5．野川を歩く

野川は小規模河川であるが、冒頭でも述べたように、東京都内の複数の自治体にわたって流れており、見所は複数ある。野川流域にはJR中央線、京王線、小田急線、東急線が走っているだけではなく、これらの鉄道路線の駅をつなぐバスネットワークも発達している。そのため、様々な公共交通機関を用いて、野川の随所に行くことができる。

野川流域の自治体（国分寺市、小金井市、三鷹市、調布市、狛江市、世田谷区）で構成する「野川流域環境保全協議会」では、野川マップを各市区がそれぞれ発行し、インターネット上で公開している。図４にこのうち調布市の野川マップを示す。各自治体でこうした野川流域の観光スポット、交通ネットワークを示したマップが発行されているため、野川を訪問する時にはこれらを利活用すると便利である。

特に外来者は、訪問前にインターネットを用いて自身の行きたい場所の野川マップを参照し、野川流域を効率的に楽しむことがおすすめである。または、野川はそれほど長い河川ではないため、１日がかりで、国分寺市の水源から世田谷区の多摩川への合流地点まで、両岸の緑道（遊歩道）を歩いても良いかもしれない。いずれにしても、野川の両岸には様々な観光スポットがあり、歩き疲れたら休憩を取る場所が整備されているので、訪問者各自の好きな方法で野川をそれぞれ楽しむことができる。

写真１と写真２に調布市内の野川に架かる鉄橋をわたる京王線の電車の写真を示す。本稿の筆者は京王線沿線に職場・自宅があるが、京王線の電車の窓から野川の四季折々の風景を見ることを楽しみにしている。特に春には、桜だけではなく菜の花、たんぽぽなどの色鮮やかな花々、魚が泳ぐ姿を車窓から見ることができ、電車の中でも春らしい雰囲気を味わうことができる。

図４　野川マップ（調布市）

出典）調布市野川流域環境保全協議会ウェブサイト
（https://www.city.chofu.tokyo.jp/www/contents/1579762098697/files/nogawamap1.pdf）

写真１　調布市・野川に架かる鉄橋をわたる京王線の電車①
出典）筆者撮影

写真２　調布市・野川に架かる鉄橋をわたる京王線の電車②
出典）筆者撮影

6．調布市内で野川を歩く

調布市内で野川を歩くのならば、春の桜の季節が最もおすすめである。写真３と写真４に調布市内の野川の春の様子を示す。また、いつの季節でも、河川の両岸に沿った緑道でのウォーキングやジョギングをする人をよく見かける。2021年に公開された映画「花束みたいな恋をした」は調布市が舞台であったが、多摩川だけでなく野川の風景も映画の中で見られた。なお、調布市には、日活調布撮影所、角川大映スタジオと２ヶ所の大型撮影所が立地するとともに、高津装飾美術株式会社、東映ラボ・テック株式会社、東京現像所など現在でも数多くの映画・映像関連企業が集まっている。また、毎年、映画に関連するイベントが多く開催されており、調布市は「映画のまち調布」として歩んできた。

新型コロナウィルス感染症流行前は、野川の桜のライトアップを毎年行っていた。野川の両岸に咲く桜並木の約630メートル区間の桜がライトアップされていた。開催日程は２日前になって発表されるため、調布市民は桜のライトアップがいつなのかわくわくしていた。また、暗夜に照らされる桜が川

写真３　調布市・野川の春①
出典）筆者撮影

写真4　調布市・野川の春②
出典）筆者撮影

面に映し出される風景の美しさを一目見ようと、ライトアップの期間中にはのべ2万人を超える人々が訪れていた。2022年には、一夜限りで3時間のみライトアップが行われた。

これは、照明機材などを扱う調布市内の株式会社アーク・システムが1本の桜をライトアップして同社員らで花見をしていたことがきっかけで始まった。ライトアップを通して照明のすばらしさを伝えることや地域住民との交流を目的に、同社が地域ボランティアと「野川の桜を楽しむ会」の協力を得て続けられている。図5に同社が作成した調布・野川さくらライトアップ会場案内 MAP を示す。

また、調布市の2018年度の調査で、豊水期29ヶ所、渇水期22ヶ所の湧水が確認されている。調布市内には深大寺が国分寺崖線を背にした坂の中腹に立地しており、境内では不動堂の東側の不動の滝（写真5）、深沙大王堂北側（写真6）の2ヶ所に湧水がある。深大寺の名称は、仏法を求めて天竺へ旅した中国僧の玄奘三蔵を守護したとされる水神・深沙大王に由来していると伝えられている。奈良時代の733年に法相宗の寺院として開基したと伝えられており（平安時代の859年に天台宗へ改宗）、東京都では浅草寺（縁起によれば628年開基）に次ぐ古刹である。深大寺周辺には江戸時代から名産の深大寺

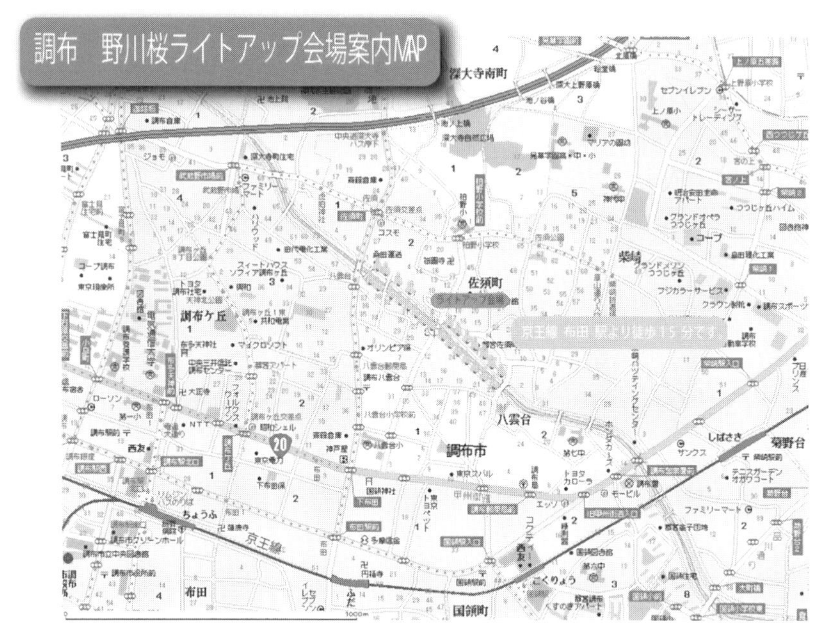

図５　調布・野川さくらライトアップ会場案内 MAP
出典）株式会社アーク・システム
（https://www.arc-system.co.jp/pdf/nogawamap.pdf）

そばが伝わっており、現在でも門前を中心に20数店舗のそば屋が営業している。この地域は国分寺崖線沿いにあるため、水はけが良くてそば栽培に適しているだけでなく、そばに使われる良質な湧き水が豊富であった。1961年に開園した神代植物公園のために農地が譲渡され、深大寺周辺ではそば畑がほぼなくなってしまったが、各そば屋ではそれぞれ工夫してそばを仕入れている。1987年に神代植物公園内の深大寺城跡で深大寺そばの栽培が始まり、神代植物公園・深大寺そば組合・深大寺小学校が共同で管理している。

７．都立公園で野川を歩く

調布市、府中市、三鷹市、小金井市にまたがって、３ヶ所の東京都立公園

写真5　不動堂の東側の不動の滝
注）筆者撮影

写真6　深沙大王堂北側
注）筆者撮影

（武蔵野の森公園、野川公園、武蔵野公園）、東京都営調布飛行場、多磨霊園が集中的に立地している。調布市内から野川の両岸の緑道を歩き続けると、この地域に辿り着く。この辺りは緑が多いため、周辺の景色を楽しみながら、野川の両岸の緑道でウォーキングやジョギングをする人々が多い。

写真７に武蔵野の森公園の修景池、写真８に同公園から見た東京都調布飛行場の写真を示す。同公園には、冬になると鴨などの渡り鳥が多く見られる。また、東京都調布飛行場が隣接しているため、離陸・着陸時の飛行機をとても間近に見ることができる。この飛行場の定期航空路は、調布市と東京都内の離島の大島、新島、神津島、三宅島である。

武蔵野の森公園から野川の方に移動すると、野川公園に行き着く。写真９に野川の水車を示しており、これは付近の水車経営農家の敷地内に設置されている。また、写真10に野川公園内を流れる野川、写真11に同公園内のわき水広場の写真を示す。野川は同公園の中では川幅がかなり狭くなっているが、両岸が護岸されておらず、川の中にそのまま入ることができる。わき水広場以外にも、自然観察園の中にほたる池があり、夏の夜にほたるを見るこ

写真７　武蔵野の森公園の修景池
出典）筆者撮影

写真８　武蔵野の森公園から見た調布飛行場
出典）筆者撮影

写真９　野川の水車（三鷹市）
出典）筆者撮影

写真10　野川公園の中の野川
出典）筆者撮影

写真11　野川公園のわき水広場
出典）筆者撮影

とが期待できる。

武蔵野公園は野川公園に隣接している。写真12に武蔵野公園のどじょう池、写真13に野川第一調節池を示す。同公園には、どじょう池に近接して2か所の野川調整池がある。写真13の野川第一調節池の工事中には、縄文時代後期前半の低湿地遺跡の発掘調査が行われ、この遺跡は希少な低湿地遺跡である。

小金井市内のJR武蔵小金井駅南口付近の金蔵院の前から野川と西武多摩川線が交差する付近にある「二枚橋」までのはけの下を東西に伸びた約2kmの道のことを「はけの道」と呼ぶ。この周辺は武蔵野の雑木林が残っており、崖線に沿った緑豊かな散歩道になっている。はけの道は、大岡昇平の恋愛小説「武蔵野夫人」(1950年発表)の舞台にもなっている。写真14に同公園に沿ったはけの道、写真15にはけの森の97階段を示す。

写真12　武蔵野公園のどじょう池
出典）筆者撮影

写真13　武蔵野公園の野川第一調節池
出典）筆者撮影

写真14　武蔵野公園に沿ったはけの道
出典）筆者撮影

写真15　武蔵野公園に沿ったはけの森97階段
出典）筆者撮影

8．おわりに
――野川を歩いて自然との関わり合いについて考える――

本稿で紹介したように野川は、多摩川水系多摩川支流の小規模な都市型河川であるが、これまでに水害を頻繁に引き起こしたことがあり、流域の住民にとって脅威になることもあった。そのため、河川改修や調節池の整備により河川整備をこれまでに継続的に行ってきた。しかしながら、平常時は地域住民にとても親しまれていて、流域の各自治体が野川マップをそれぞれ発行するくらいである。また、こうした地域の自然環境を守るためのいくつかの市民団体が設立され、積極的に活動している。

平常時には、河川敷で昼食を食べる人々、春の桜等の花々を鑑賞する人々、両岸の緑道で周辺の風景を楽しみながらウォーキング、ジョギングをする人々などが多い。平常時に、野川に親しむことで、自然の豊かさ、自然の恵みを楽しむとともに、災害時の状況を想像して身近なリスクについて考えることは、個人による自助の災害対策として有益である。このように野川を歩くことで、自然と人々との関わり合いについて考えることができる。

参考文献

東京都建設局　野川
https://www.kensetsu.metro.tokyo.lg.jp/jigyo/river/nogawa.html
調布市野川流域環境保全協議会　野川マップ
https://www.city.chofu.tokyo.jp/www/contents/1579762098697/files/nogawamap1.pdf
株式会社アーク・システム　調布・野川さくらライトアップ会場案内MAP
https://www.arc-system.co.jp/pdf/nogawamap.pdf
調布市　調布市内の湧水
https://www.city.chofu.tokyo.jp/www/contents/1385255945464/index.html

【執筆者紹介】

仲上 健一（なかがみ けんいち）

出　身：福岡県
生　年：1948年
学　歴：1972年　山口大学工学部土木工学科卒業
1974年　名古屋大学大学院工学研究科土木工学専攻修士課程修了
1976年　京都大学大学院工学研究科衛生工学専攻博士課程中途退学
1981年　大阪大学工学博士
勤務先：立命館大学 OIC 総合研究機構サステイナビリティ学研究センター上席研究員
公益財団法人国際エメックスセンター主席客員研究員
業　績：単著『水をめぐる政策科学』（法律文化社、2019年）
単著『水危機への戦略的適応策と統合的水管理』（技報堂出版、2011年）
単著『サステイナビリティと水資源環境』（成文堂、2008年）
分担執筆
柳哲雄編『里海管理論　きれいで豊かで賑わいのある持続的な海』（農林統計協会、2019年）

山本 佳世子（やまもと　かよこ）

出　身：香川県
生　年：1968年
学　歴：1999年　東京工業大学大学院理工学研究科修了、博士（工学）取得
勤務先：電気通信大学大学院情報理工学研究科・国際社会実装センター
業　績：単著『情報共有・地域活動支援のためのソーシャルメディア GIS』（古今書院、2015年）
編著
山本佳世子編『身近な地域の環境学』（古今書院、2010年）
熊田禎宣・山本佳世子編『環境市民による地域環境資源の保全――理論と実践――』（古今書院、2008年）
梶秀樹・和泉潤・山本佳世子編『東日本大震災の復旧・復興への提言』（技報堂出版、2012年）
梶秀樹・和泉潤・山本佳世子編『自然災害――減災・防災と復旧・復興への提言――』（技報堂出版、2017年）

水資源・環境学会『環境問題の現場を歩く』シリーズ ❶
志津川湾と野川を歩く

2023年8月20日　初　版第1刷発行

著　者　仲　上　健　一
　　　　山　本　佳世子

発行者　阿　部　成　一

162-0041　東京都新宿区早稲田鶴巻町514番地
発行所　株式会社　成　文　堂
電話 03(3203)9201(代)　Fax 03(3203)9206
http://www.seibundoh.co.jp

製版・印刷・製本　藤原印刷　検印省略

ISBN978-4-7923-3430-7　C3031
定価（本体1000円＋税）

刊行にあたって

水資源・環境学会は学会創立40周年を記念して、ブックレット『環境問題の現場を歩く』シリーズの刊行を開始することにしました。学会創設以来、一貫して水問題、環境問題を中心とした研究に取り組んでまいりました。水資源・環境学会の使命は「深化を続ける水と環境の問題を学際的な視点から考察し、研究者はもちろん、実務家、市民のみなさんなど幅広い担い手の参加を得て、その解決策を探る」と謳っています。

水と環境の問題を発見するためには、問題が起こっている現場で何が問われているかを真摯な態度で聞くことが出発です。「現場」のとらえ方は、そこに住む人、訪れる人によって様々です。「百人百様」という言葉がありますが、本シリーズは、それぞれの著者の視点で書かれたものであり、皆さんは、きっと異なった思いや、斬新な問題提起があると思います。

本シリーズをきっかけに「学際的な研究交流の場」の原点である現地を歩くことにより、瑞々しい研究意欲を奮い立たせていただければと願います。

水資源・環境学会